這本書屬於：

．．．．．．．．．．．．．．．．．．．．．．．．．．．．．．．．．．．．．．．

新雅・知識館

兒童必讀的STEAM百科❷ 生活實踐100例（修訂版）

作　　者：史提夫・瑟弗（Steve Setford）及
　　　　　特倫特・柯克帕特里克（Trent Kirkpatrick）
顧　　問：羅伯特・溫斯頓（Robert Winston）
翻　　譯：王燕參
責任編輯：劉紀均、黃碧玲
美術設計：陳雅琳、郭中文
出　　版：新雅文化事業有限公司
　　　　　香港英皇道499號北角工業大廈18樓
　　　　　電話：(852) 2138 7998
　　　　　傳真：(852) 2597 4003
　　　　　網址：http://www.sunya.com.hk
　　　　　電郵：marketing@sunya.com.hk
發　　行：香港聯合書刊物流有限公司
　　　　　香港新界大埔汀麗路36號中華商務印刷大廈3字樓
　　　　　電話：(852) 2150 2100
　　　　　傳真：(852) 2407 3062
　　　　　電郵：info@suplogistics.com.hk
印　　刷：中華商務彩色印刷有限公司
　　　　　香港新界大埔汀麗路36號
版　　次：二〇二三年九月初版
版權所有・不准翻印

Original Title: *Science Squad Explains*
Copyright © 2020 Dorling Kindersley Limited
A Penguin Random House Company

For the curious

www.dk.com

ISBN: 978-962-08-8263-0
Traditional Chinese Edition © 2020, 2023 Sun Ya Publications (HK) Ltd.
18/F, North Point Industrial Building, 499 King's Road, Hong Kong
Published in Hong Kong SAR, China
Printed in China

新雅·知識館

兒童必讀的 STEAM

百科 ② （修訂版）

生活實踐100例

作者 / 史提夫·瑟弗
特倫特·柯克帕特里克
顧問 / 羅伯特·温斯頓

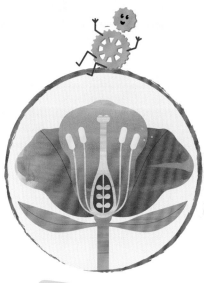

新雅文化事業有限公司
www.sunya.com.hk

目錄

推薦序

外界早已預言，21世紀將會是創新科技及數碼資訊的時代，所以學界發展STEAM教育，對新一代至為重要。STEAM教育的五大元素：科學、科技、工程、藝術、數學，對小朋友並非一些神秘或遙不可及的東西，他們其實每日都接觸得到，也需要明白身邊每個大自然現象和每件科技用品的原理。太陽為什麼從東方升起？這涉及科學的理論；我們為什麼可以透過手提電話與遠方的親友視像通話？這個則可以用科技方法來解釋。另外，藝術看似跟科技無關，其實美感、文化傳承、人性化設計等思維，才是創作科技發明的最關鍵元素。

好好打造一個STEAM教育的根基，就需要從閱讀開始。《兒童必讀的STEAM百科》系列正是一套全面而啟人心智的STEAM教育書籍，它透過深入淺出的文字解釋，配合大量炫目驚喜的圖像，顯示了小朋友身邊總是出現的科學現象及每日接觸到的科技發明：近至自身人體的秘密，遠至宇宙誕生的奧妙；小至一顆螺絲的形狀，大至一座橋樑的原理，一套兩冊已經容納了整個世界、整個宇宙。此外，這系列也精心設計了五個有趣的代言角色，分別代表S、T、E、A、M五大元素，清晰了各範疇的特點，讓讀者能輕易理解，不再混淆。

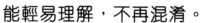

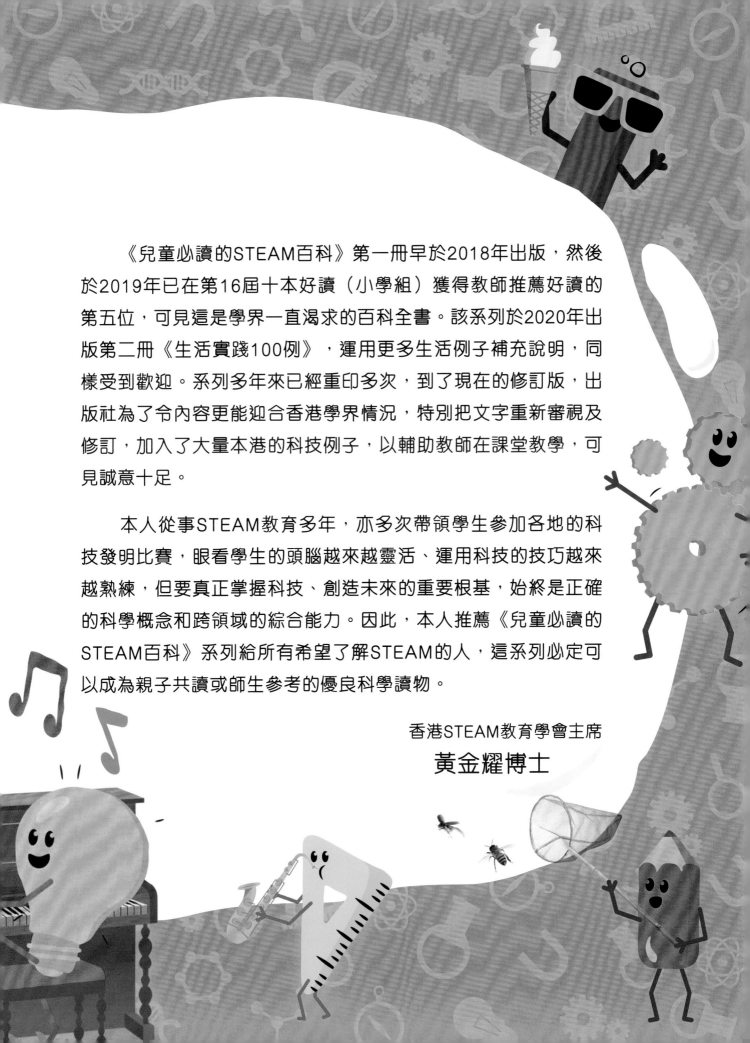

　　《兒童必讀的STEAM百科》第一冊早於2018年出版，然後於2019年已在第16屆十本好讀（小學組）獲得教師推薦好讀的第五位，可見這是學界一直渴求的百科全書。該系列於2020年出版第二冊《生活實踐100例》，運用更多生活例子補充說明，同樣受到歡迎。系列多年來已經重印多次，到了現在的修訂版，出版社為了令內容更能迎合香港學界情況，特別把文字重新審視及修訂，加入了大量本港的科技例子，以輔助教師在課堂教學，可見誠意十足。

　　本人從事STEAM教育多年，亦多次帶領學生參加各地的科技發明比賽，眼看學生的頭腦越來越靈活、運用科技的技巧越來越熟練，但要真正掌握科技、創造未來的重要根基，始終是正確的科學概念和跨領域的綜合能力。因此，本人推薦《兒童必讀的STEAM百科》系列給所有希望了解STEAM的人，這系列必定可以成為親子共讀或師生參考的優良科學讀物。

香港STEAM教育學會主席

黃金耀博士

認識STEAM團隊

STEAM團隊會在這本書中，帶你認識身邊有關科學、科技、工程、藝術和數學的有趣知識。

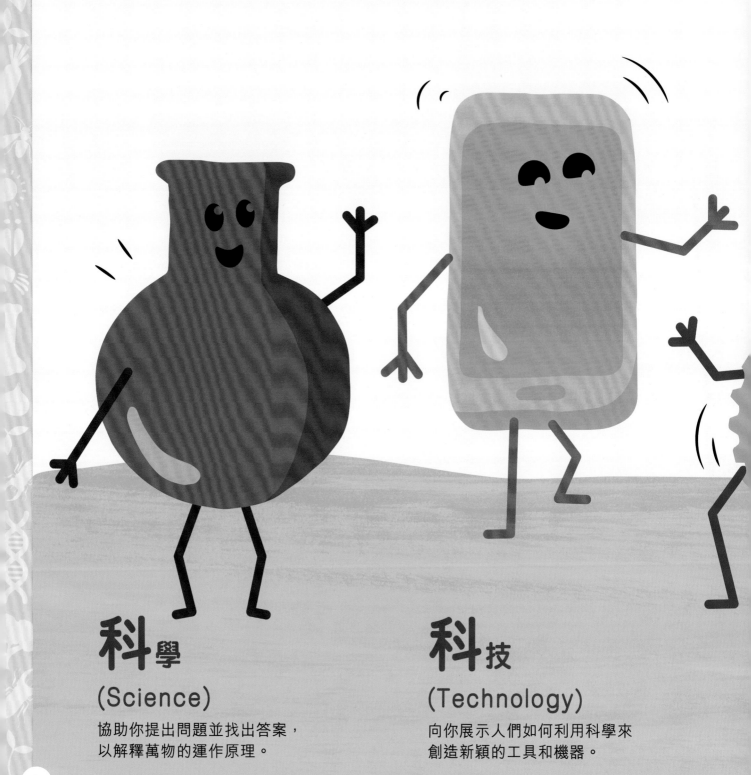

科學 (Science)

協助你提出問題並找出答案，以解釋萬物的運作原理。

科技 (Technology)

向你展示人們如何利用科學來創造新穎的工具和機器。

讓我們帶你
輕鬆認識生活中
的STEAM！

工程
(Engineering)

教導你利用科學找出和設計解決問題的方案。

藝術
(Art)

幫助你發揮想像力，讓你發揮潛能。

數學
(Maths)

告訴你所有關於數字、規律、時間等知識！

我的身體

　　雖然我們有不同的身高和體形，但是都具有相同的基本部位。有些身體部位我們可以看得到，但大部分的身體部位都隱藏在皮膚下面。

五種感官

你的感官使你能夠感受周圍的世界。你體內的神經會發送信號給你的大腦，然後你的大腦就可以知道正在發生的事情。

視覺
你的眼睛可以形成物體的影像，並感知到物體的顏色。

聽覺
你的耳朵可以判斷聲音的大小和高低。

嗅覺
你鼻子內的神經可以捕捉到空氣中的不同氣味。

味覺
你舌頭上的味蕾可以感覺到食物是甜的、酸的、苦的、鹹的，還是鮮味的。

觸覺
你皮膚裏的神經會在你觸摸到物體時，告訴你物體的溫度和質感。

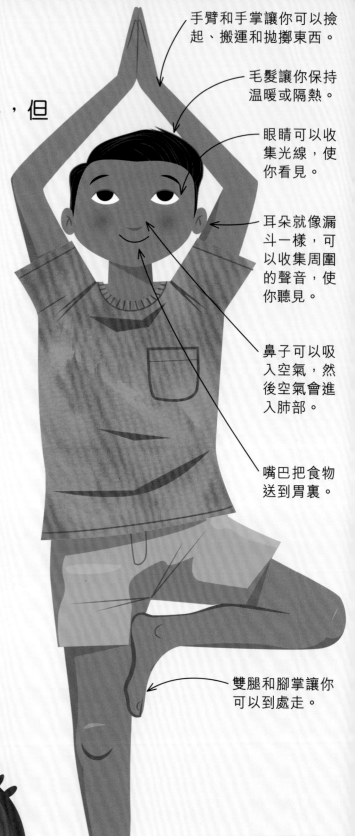

手臂和手掌讓你可以撿起、搬運和拋擲東西。

毛髮讓你保持溫暖或隔熱。

眼睛可以收集光線，使你看見。

耳朵就像漏斗一樣，可以收集周圍的聲音，使你聽見。

鼻子可以吸入空氣，然後空氣會進入肺部。

嘴巴把食物送到胃裏。

雙腿和腳掌讓你可以到處走。

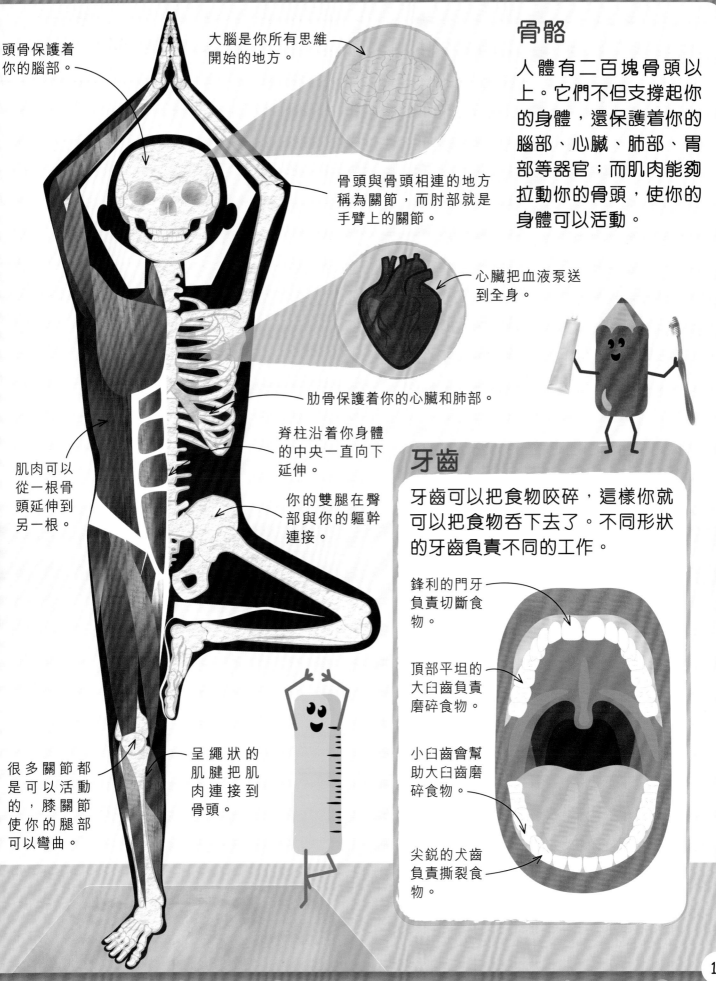

頭骨保護着你的腦部。

大腦是你所有思維開始的地方。

骨頭與骨頭相連的地方稱為關節，而肘部就是手臂上的關節。

心臟把血液泵送到全身。

肋骨保護着你的心臟和肺部。

脊柱沿着你身體的中央一直向下延伸。

你的雙腿在臀部與你的軀幹連接。

肌肉可以從一根骨頭延伸到另一根。

很多關節都是可以活動的，膝關節使你的腿部可以彎曲。

呈繩狀的肌腱把肌肉連接到骨頭。

骨骼

人體有二百塊骨頭以上。它們不但支撐起你的身體，還保護着你的腦部、心臟、肺部、胃部等器官；而肌肉能夠拉動你的骨頭，使你的身體可以活動。

牙齒

牙齒可以把食物咬碎，這樣你就可以把食物吞下去了。不同形狀的牙齒負責不同的工作。

鋒利的門牙負責切斷食物。

頂部平坦的大臼齒負責磨碎食物。

小臼齒會幫助大臼齒磨碎食物。

尖銳的犬齒負責撕裂食物。

保持健康

我們的身體是有機生命體，因此就像地球上所有生命一樣，都需要水和食物來維持健康。你的身體還需要充足的睡眠和適量的運動。

7歲的小朋友每晚需要約10個半小時的睡眠時間啊！

睡眠

你的身體需要有足夠的時間休息，才能正常運作。當我們睡覺時，身體就可以自我修復和成長。

清潔好習慣

刷牙有助防止蛀牙和牙齦疾病；進食前洗手可以防止病菌傳播。

每天早晚刷牙

每天洗澡

進食前洗手

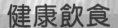

健康飲食

我們需要均衡的飲食，才能保持身體健康。因此，我們要進食來自5大類主要食物中的各種食物，這一點很重要。

水果和蔬菜

這些食物富含重要的維他命和礦物質，助你的身體正常運作。

脂肪

健康的脂肪可以在很多食物中找到，例如牛油果、鮮魚和堅果，不過你每日只需要攝取小量的脂肪。

碳水化合物

碳水化合物可以在由穀物製成的食品中找到，例如麵包、米飯、麥片等。澱粉類的碳水化合物為我們提供能量，並維持更長的飽腹感。

乳製品

牛奶、芝士等乳製品含有豐富鈣質。骨骼需要鈣質才能成長和保持強健。

蛋白質

我們的皮膚、肌肉和器官都是由蛋白質組成。肉類、堅果和豆類富含蛋白質，為身體提供生長和修復所需的物質。

多做運動

我們的身體需要保持活躍，才能維持健康，所以我們要鍛煉身體，令肌肉保持強壯，以及使我們的器官處於最佳狀態。

舉重

踢足球

做體操

跑步

騎單車

有很多不同的運動和健身方式讓你選擇。

我們應要每日運動半小時。香港特區政府也以「日日運動半個鐘，健康快樂人輕鬆」來鼓勵市民多運動。

食物

我們的食物很多都來自植物或動物，而這些食物是需要經過耕種、生長或捕獲才可以得到。有些食物可以直接食用，有些就必須經過改良或加工才可以吃。

青瓜可以生吃或醃製成酸瓜來吃。

漢堡包

我們每餐所吃的東西通常混合了不同的食物。現在讓我們拆開這個美味的漢堡包，看看裏面不同的食材分別來自哪裏。

漢堡扒

漢堡扒可以用多種材料製成，包括肉、蔬菜和豆類，而製造漢堡扒的肉通常來自牛、豬、綿羊等動物。

番茄醬

番茄醬用加工過的番茄製成。首先把番茄弄成糊狀，然後加入砂糖、醋和其他調味料一起煮到變成濃稠的醬汁。

生菜

農夫在田裏或温室裏種植一排排的生菜，我們還可以在沙律中加入生菜。

番茄，一種水果。

洋葱，一種蔬菜。

芝士

芝士可以用乳牛、山羊、綿羊或其他動物的乳汁製成。

麵包

麵包由生長在田裏的小麥製成。小麥被磨成麵粉，接着把麵粉與鹽、水、酵母等材料混合搓成麵團，然後焗製便成麵包了。

耕種機器

拖拉機拉動犁田機挖鬆泥土，然後稱為播種機的機器就會在田裏播種。當農作物成熟後，聯合收割機便會一邊把農作物割下，一邊收集。

拖拉機和犁田機

播種機

聯合收割機

你可以在家裏種植小型的水果和蔬菜！

樹木

　　樹木是地球上最大的植物。它們長得很高，而且可以存活很多年。樹木能提供木材，而木材可以用來製造很多東西，例如紙張。樹木可以分為常綠樹或落葉樹。

綠葉
常綠樹的葉子終年常綠。

光合作用

樹木和其他植物可以透過光合作用製造自己的食物。它們利用陽光、土壤中的水分和空氣中的二氧化碳製造出一種稱為葡萄糖的糖，過程中它們還會釋放出我們所需的氧氣。

陽光為植物提供能量。

二氧化碳被葉子吸收。

氧氣被釋放到空氣中。

水分被根部吸收。

樹幹
樹木堅硬的莖部，稱為樹幹。樹幹被一層厚厚的、粗糙的外皮覆蓋着，稱為樹皮。

常綠樹

它們一年四季都有綠葉，在極高或極低溫的環境下都可以生長。松樹和香港常見的細葉榕都是常綠樹。

落葉樹

在冬天落葉並在春天長出嫩葉的樹稱為落葉樹，落葉樹在天氣不太熱或不太冷的地區生長得最茂盛。紅櫟樹是其中一種落葉樹。

樹葉變色
在秋天，落葉樹的葉子會從綠色變成橙色和棕色。

葉子的形狀

葉子有很多不同的形狀和大小。有些葉子長得瘦瘦長長的，有些葉子則闊大而扁平。

櫸木的葉子
這些有光澤、具有蠟質的葉子可以長到10厘米長、5厘米闊。

楓樹的葉子
這種樹的葉子長得有點像手掌，又闊又短，而且有鋸齒狀的邊緣。

梣樹的葉子
有些樹木會長出複葉。複葉是指在同一根葉柄上長出很多較小的葉子。

銀杏樹的葉子
這種扇形葉子有時會隨着它們的生長而稍微裂開。

棕櫚樹是其中一種常綠樹，通常生長在炎熱的國家。

花朵

大多數花朵都有相似的基本結構。雄蕊會產生稱為花粉的細小顆粒，雌蕊會產生胚珠。花朵以顏色鮮豔的花瓣吸引昆蟲，昆蟲能把花粉傳給花朵的雌蕊，為花朵授粉。

花的形狀

花有很多不同的形狀，能吸引不同的昆蟲。有些昆蟲可以落在長而狹窄的花朵上，有些昆蟲則需要有大大的花瓣才可以降落。

蓮座狀　　　圓拱形

整齊狀　　鐘狀　　圓錐形

花的構造

如果你仔細觀察一朵花，你就可以看到產生種子的部分。

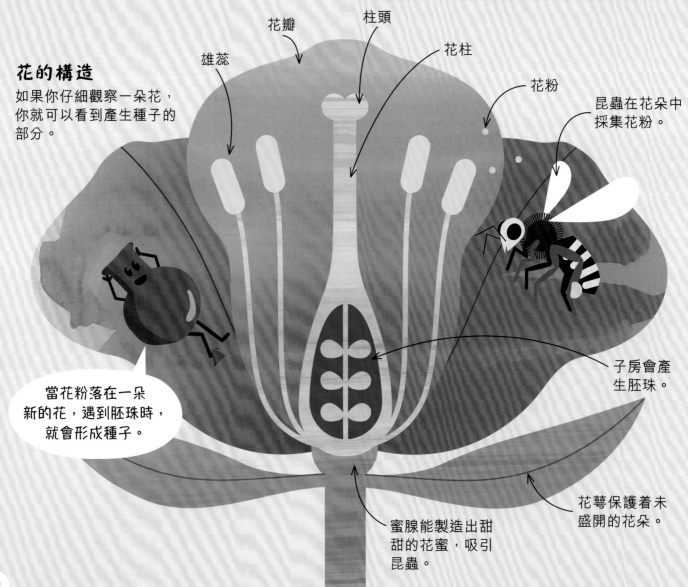

花瓣

柱頭

雄蕊

花柱

花粉

昆蟲在花朵中採集花粉。

子房會產生胚珠。

當花粉落在一朵新的花，遇到胚珠時，就會形成種子。

蜜腺能製造出甜甜的花蜜，吸引昆蟲。

花萼保護着未盛開的花朵。

種子

很多植物都是從種子開始長成的。在適當的條件下，每顆種子都可以發育成一棵新的植物。種子可以依靠風或動物傳播到新的地方。

蒲公英的種子呈羽毛狀，而且很輕，所以它們可以隨着微風四處飄散！

幼苗

如果種子得到足夠的雨水和陽光，它就會生長成一棵幼小的植物，叫做幼苗。

花

在太陽的幫助下，植物會越長越大，它會長出更多葉子並且開花。五顏六色的花瓣能把蜜蜂和其他昆蟲吸引過來。

新的種子

花朵會形成種子。有些植物的種子會在風中吹散，有些植物則會把種子藏在果實裏，當動物吃掉果實後，種子便會隨着動物的糞便傳播到別的地方。

種子是如何生長的？

在種子裏，有一棵幼小的植物，稱為胚芽。如果胚芽得到足夠的水分、溫暖和養分，種子就會長出芽來。

幼苗長出了新的葉子。

幼嫩的莖部會向上生長，而根部則向下生長。

種子在泥土裏變得溫暖和濕潤。

動物分類

科學家把所有動物分為兩大類：有脊柱的動物稱為脊椎動物，沒有脊柱的稱為無脊椎動物。這兩種主要類型的動物可以再細分為更多的類別。

脊椎動物

有脊柱的動物有很多不同的外形和大小，有些住在乾旱的陸地上，有些則住在水底下。

鳥類

所有鳥類都有一對翅膀、兩隻腳、一個喙和羽毛，但並不是所有鳥類都能飛翔。鷹是一種兇猛的鳥類。

哺乳類

哺乳類是恆溫動物，代表牠們可以在自己的身體內產生熱能。哺乳類長有皮毛，這隻狼就屬於哺乳類的一種。

大多數哺乳類都不會下蛋。反而，牠們會誕下小寶寶，並餵奶給牠們喝。

兩棲類

牠們會住在水源附近，保持身體濕潤，並會在水中產卵。青蛙是兩棲類，香港有24種蛙，如盧氏小樹蛙。

魚類

魚類有鰓，可以在水中呼吸。牠們長着滑溜溜的鱗片、魚鰭和尾巴。大多數魚類會產卵，但也有些魚類會誕下小魚。這條黃色的鱸魚是魚類的一種。

無脊椎動物

地球上有很多不同類型的無脊椎動物。雖然牠們各有鮮明的特點，卻擁有一個共同點：就是牠們都沒有脊柱。

昆蟲

所有昆蟲都有6隻腳和3個主要的身體部分。這隻蝴蝶就是昆蟲的一種，目前約有240種蝴蝶能在香港找到。

蜘蛛

這種八足動物會織網以捕捉獵物來吃。蜘蛛不是昆蟲，牠們屬於蜘蛛綱動物。

蠕蟲

這種無脊椎動物的身體瘦長而柔軟，牠們通常住在泥土裏。

甲殼類

甲殼類例如螃蟹，會有一個堅硬的外殼覆蓋着身體，而且大多數甲殼類都住在海裏。這隻寄居蟹就找到了一個貝殼作為牠的家。

軟體動物

軟體動物的身體很柔軟。很多軟體動物例如蝸牛，都有一個堅硬的外殼保護着，但有些軟體動物，好像下圖的這隻八爪魚就沒有外殼了，而大多數軟體動物都是住在水裏的。

水母

水母是住在水裏的無脊椎動物。牠們會利用刺人的觸手來捕捉獵物，並把牠送入自己的口中。

有些蠕蟲是住在水裏的！

昆蟲

　　地球上有數十億隻昆蟲，幾乎在任何地方都可以找到。大多數昆蟲會爬行或走路，而且很多還會飛，有些甚至可以在水裏游泳。

身體構造

所有成年的昆蟲都有3個主要身體部分，它們是頭部、胸部和腹部，而幼蟲的身體與牠們父母的身體通常看起來非常不同。

昆蟲的種類

到目前為止，已發現了超過100萬種不同的昆蟲。以下是其中5種：

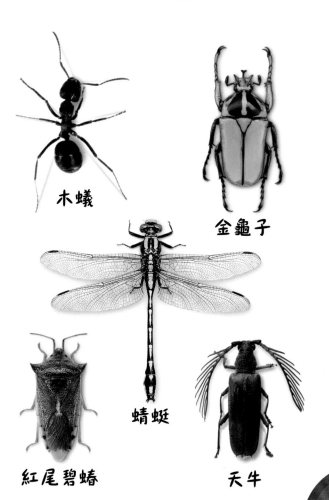

木蟻

金龜子

蜻蜓

紅尾碧蟬

天牛

腹部
這個身體部位裏面裝着昆蟲的胃部。

蝴蝶的腳上長有味蕾！

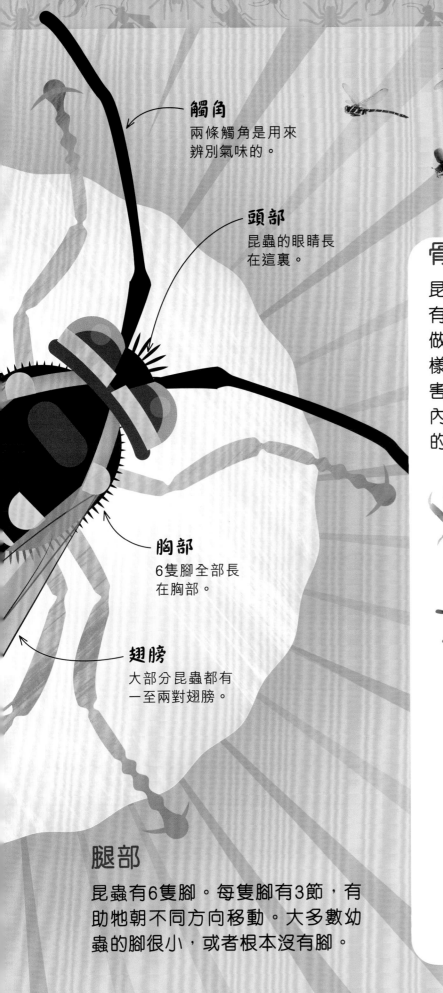

觸角
兩條觸角是用來
辨別氣味的。

頭部
昆蟲的眼睛長
在這裏。

胸部
6隻腳全部長
在胸部。

翅膀
大部分昆蟲都有
一至兩對翅膀。

腿部

昆蟲有6隻腳。每隻腳有3節，有
助牠朝不同方向移動。大多數幼
蟲的腳很小，或者根本沒有腳。

骨骼

昆蟲和很多其他無脊椎動物都
有骨骼在牠們的身體外部，叫
做外骨骼，就像穿上盔甲一
樣，保護着動物的身體免受傷
害。人類和其他脊椎動物則有
內骨骼，表示骨骼是長在身體
的內部。

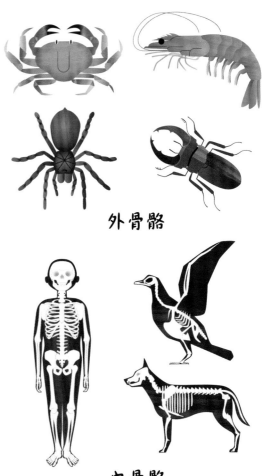

外骨骼

內骨骼

食物鏈

　　每種植物和動物都需要依賴周圍的其他生物才能生存。有些動物會吃植物，有些動物會吃其他動物。而動物的糞便和腐爛的物質進入泥土後，會變成植物所需要的養分，被植物吸收。

動物吃什麼？

根據動物所吃的東西，我們可以把所有動物分成四大類：分解者、雜食性動物、草食性動物和肉食性動物。

只吃植物的動物稱為草食性動物，能量會從植物傳遞到吃它們的動物身上。

陽光是植物的主要能量來源，所以太陽是這條食物鏈的起點。

植物利用陽光的能量來製造食物，然後長出葉子、花朵、果實和種子。

頂級掠食者

頂級掠食者位於每條食物鏈的最頂層。牠們有強大的力量，便不會被其他動物捕食。大灰熊和大白鯊都是頂級掠食者。

大灰熊

大白鯊

以捕獵其他動物為食的動物稱為捕獵者。

分解者
牠們以已死去的動植物為糧食,牠們把能量從死物中帶回土壤裏。

雜食性動物
牠們會吃植物和動物。黑猩猩和人類都是雜食性動物。

草食性動物
牠們只吃植物。鹿是草食性動物。

肉食性動物
牠們只吃牠們所捕捉或獵殺的動物。老虎是肉食性動物。

這隻尖鼠以毛毛蟲為食。如果有太多毛毛蟲,就會沒有足夠的植物可以養活牠們,所以這隻尖鼠正在維持食物鏈的平衡。

這條食物鏈中的頂級掠食者是貓頭鷹,牠以尖鼠為食。透過這條食物鏈,能量已從太陽傳遞到貓頭鷹身上。

被其他動物捕獵和食用的動物稱為獵物。

生命周期

所有生物都會經歷成長的不同階段。有些動物寶寶是胎生，有些是從卵中孵出來，而新的植物則會從泥土中長出來。動植物都會長大，然後變成成年的動物或植物，然後會擁有自己的下一代。這稱為生命周期。

人類的生命周期

與所有其他動物一樣，人類也有生命周期。在我們的人生旅途中，我們的身體會逐漸產生變化，從嬰兒慢慢變成成人。

1. 嬰兒

當你是嬰兒時，你很小、很脆弱，而且你睡得很多，你時時刻刻都需要被照顧。

2. 幼兒

到了幼兒時期，你會學習走路、說話和自己吃東西！你還會長出稱為乳齒的牙齒。

3. 兒童

你會快速地成長，變得越來越強壯，並學習新的技能，例如閱讀和寫字。而且你會長出恆齒代替乳齒。

在你出生前，你在媽媽的子宮時生長得最快。

4. 青少年

當你成為青少年的時候，一種叫做荷爾蒙的化學物質會告訴你的身體開始從兒童變為成人。

5. 成人

你已經長大成人了，但是你仍然可以繼續學習新事物，更可以擁有自己的孩子。

青蛙的生命周期

當青蛙出生時，牠們看起來與牠們的父母完全不一樣。牠們經歷了一個驚人的轉變，稱為變態過程，為成年青蛙的生活做好準備。

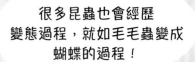

> 很多昆蟲也會經歷變態過程，就如毛毛蟲變成蝴蝶的過程！

6. 成年青蛙

成年的青蛙大部分時間都在陸地上，但牠仍然是個游泳高手。牠會回到水裏交配、產卵，繁殖下一代。

1. 卵

青蛙在池塘裏產下一團團的卵，這些卵被一層厚厚的啫喱狀物質覆蓋着，保護它們免受傷害。

5. 小青蛙

小青蛙能呼吸空氣，而且牠現在可以走路了。牠可以離開池塘，但要留在陸地上潮濕的地方。

2. 蝌蚪

卵孵化成蝌蚪。牠們有長長的尾巴，擅於游泳。牠們有鰓，可以在水下呼吸。

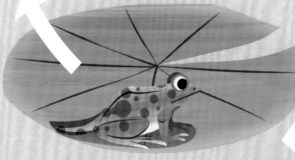

4. 幼蛙

前腿長出來了，同時尾巴在縮小。這時候的蝌蚪看起來開始像隻小青蛙。

3. 長出後腿的蝌蚪

蝌蚪長出了後腿。牠們的鰓不見了，肺部完成發育，使牠們可以在水面上呼吸空氣。

棲息地

棲息地是動植物一起生活的地方，也是動植物找到其生存所需的地方。不同的棲息地有不同的氣候，大多數動植物只能生活在一種棲息地。

高山

大多數高山植物會生長得比較矮小，以避免冷風的吹襲。鳥類可以在山頂上空翱翔，但地上的動物必須身手靈活，才能在岩石斜坡上行走。

森林

森林到處都是棲身之所，而且充滿了食物，所以住在這裏的動物，比住在其他陸地棲息地的都要多。有些森林炎熱而潮濕，有些森林則比較涼爽和乾燥。

草原

在降雨量不足或土壤太貧瘠的地方，大多數樹木都無法生長，土地只會被很多草覆蓋，而一羣羣吃草的動物就會在這些草原上四處吃草。

沙漠

沙漠裏很少下雨，這裏的動植物必須在很少水的情況下也能生存，而且要能夠抵擋白天的酷熱和夜晚的嚴寒。

駱駝背上厚厚的皮毛可以保護牠免受烈日的傷害。

極地

北極和南極是常年積雪和結冰的地方，而且冷風颼颼。那裏只有很少植物能生長，所以大多數動物都是肉食性。

北極熊身上長着厚厚的皮毛和一層油脂，使牠可以保持温暖和乾燥。

海洋

魚類和很多海洋生物都利用鰓在水下呼吸，但有些海洋動物例如鯨，則必須浮上水面才能呼吸。

約有三分之一的海洋生物住在珊瑚礁。香港東邊水域就有豐富的珊瑚羣落。

環境

地球的環境就是我們周圍的世界，也是萬物的家園，由水、空氣和土地組成。保持這三種東西清潔和健康是非常重要的，使我們的地球能生生不息。

健康的環境

當我們保持水、空氣和土地清潔時，環境就會健康，動植物就可以擁有生活和成長所需的一切。

樹木長得很翠綠和茂盛，它們可以不斷地釋放出我們所需的氧氣。

動物很健康，而且有足夠的食物可以吃。

河流裏的水很乾淨，裏面住着很多魚。

不健康的環境

當我們隨處亂拋垃圾、砍伐森林、排出濃煙污染天空和把污水倒進河流時，我們就會傷害住在這裏的生物。

垃圾會對動物造成很大的傷害。

塑膠類產品不能被自然分解，因此會對環境造成破壞。

工廠和發電站會排放出有害的污染物污染空氣。

樹木能夠吸收不適宜人類或動物吸入的二氧化碳，可是它們都被砍掉了。

我們可以做什麼？

我們可以做很多事情來保持環境健康，例如減少使用能源和水、種植樹木、把資源回收再用，以及制定法律來保護環境和野生動植物。

節約能源

當我們離開房間時，應把燈、電腦和其他不需的電器關掉以節省能源。這樣，發電站就不需要產生那麼多的電了。

循環再用

我們最好能重複使用已有的物品，而不是購買新的。如果我們必須扔掉某些不用的物品，我們可以把它們回收，有些物品可以變成新產品的原料。

減少用水

我們所使用的水必須先經過淨化，以及檢驗是否符合安全標準，這些過程需要消耗能源，因此減少用水也可以節省能源。

種植樹木

樹木可以釋放出我們身體在呼吸時所需要吸入的氧氣。然而，很多森林正在被砍伐，所以我們需要種植很多新樹，以保持空氣清新。

全球暖化

我們排放到空氣中的有害氣體令地球溫度上升，造成全球暖化。它對環境帶來不良影響，使北極和南極的冰川融化，很多極地動物都在掙扎求存。

我們對環境所做的事，可以影響到各處各地的人們、動物和植物！

替代使用

例如我們可以騎單車代替坐車，單車不會像汽車釋放出含污染物的廢氣，所以當我們騎單車時，就可以減少空氣污染。

季節

世界上有些地區有明顯的四季之分：春天、夏天、秋天和冬天，每個季節會帶來不同的天氣。但是地球上有些地區終年溫暖，只分為旱季和雨季。

春天

在春天，白天開始變得更長，天氣更溫暖，更多的陽光和雨水有助植物生長。春天是植物和樹木長出新花的季節。

冬天

冬天是最寒冷的季節，也是白天最短的季節。有些樹木在冬天時會變得光禿禿，某些地區在冬天還可能會出現極低的溫度和暴風雪。

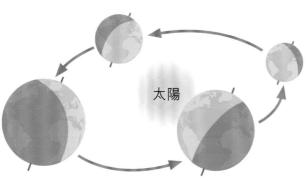

太陽

為什麼會有季節？

地球傾斜地繞着太陽運行，在一年中的不同時間裏，地球上有些地區會受到太陽直射而得到較多陽光，有些地區只會受到太陽斜射而得到較少陽光，就形成了季節。

熱帶地區的季節

熱帶地區是指整年天氣都維持溫暖的地方。部分熱帶地區只有雨季和旱季兩個季節，雨季會下很多雨，旱季就乾燥炎熱。

旱季　　　　　　**雨季**

夏天

我們把白天最長、天氣最炎熱的季節稱為夏天。在夏天裏，植物會長得很高，並且會結果。

秋天

在秋天，白天變得越來越短，太陽的照射也會減少。因此，天氣會變得越來越冷，有些葉子會變成啡紅色，並開始掉落。

在冬天有些動物會長時間睡覺，稱為冬眠；或者遷徙到較溫暖的地方去。

水

　　地球上的含水量一直都是一樣的，水只是不斷地在循環，一次又一次地被使用。地球的海洋中有液態水；空氣中有氣態水；兩極有固態水。所有包括人類在內的生物都需要水才能生存。

太陽的能量為水循環提供了動力。

雲會以雨、雪或冰雹的形式落下來。

水從大海蒸發到天空，然後在空中凝結成雲。

水會沿江河向下流或滲入泥土。

水循環

地球上的水總是在海洋、天空和陸地之間移動，這個不間斷的循環稱為水循環。

水又回到大海了。

水的分布

大部分地球上的水都是鹹水，剩下的小部分就是淡水，當中更有一些被凍結成冰。

海洋

海洋由一大片鹹水組成，會有潮汐和波浪；而地球上大部分的水都存在於海洋。

湖泊

湖泊是一片比較平靜、被陸地環繞着的淡水。水可能會從溪和江河流入湖泊或從湖泊流走。

地球上的水只有很少部分是淡水，所以淡水是一種很珍貴的資源，我們絕對不能浪費。以下是一些節省用水的方法：

- 刷牙時關掉水龍頭。
- 用淋浴代替泡澡。
- 如果你發現有漏水的情況，請告訴成人。

你體內的水分佔了你體重的一半以上！

清潔

我們會用肥皂和水來清潔自己。為了遠離病菌，我們在處理食物前和如廁後一定要洗手。

煮食

我們在廚房裏會用水來烹調或蒸煮食物，然後我們用更多的水來清洗。

洗衣服

洗衣機會把水和一種稱為洗衣粉的清潔劑混和，並攪動衣物，把衣物上面的灰塵和污漬洗乾淨。

游泳

在游泳池裏游泳很有趣，而且對你的身體來說也是一種很好的運動！游泳池內的水會加入特別的化學品來殺死病菌。

喝水

當我們呼吸、排汗、小便和大便時，身體都會流失水分。為了保持健康，我們需要每天喝大量的水，來補充失去的水分。

河流

河流從大大小小的山嶺流向低地，並在沿途不斷擴闊。它們會順着地勢向下流，直至流入大海。

冰川

冰川就像由大量冰塊堆積而成的河流，從高處向下流，兩極地區都有由大片冰川構成的冰蓋。

岩石、土壤和化石

構成地球堅硬外殼的岩石通常被土壤、沙子、冰塊或水覆蓋着，在其中一些岩石裏還包含着化石，這些化石可以告訴我們有關很久以前在地球上的生命。

岩石

岩石是由微小的天然晶體所構成，這種天然物質稱為礦物質。岩石的主要類型可分為沉積岩、火成岩和變質岩。

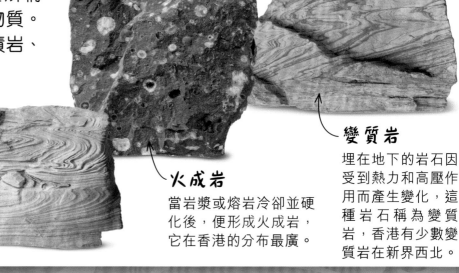

沉積岩

這種岩石是由沙子、泥漿，以及貝殼和海洋生物骨骼中的礦物質構成，它分布在香港東北及西北地區。

火成岩

當岩漿或熔岩冷卻並硬化後，便形成火成岩，它在香港的分布最廣。

變質岩

埋在地下的岩石因受到熱力和高壓作用而產生變化，這種岩石稱為變質岩，香港有少數變質岩在新界西北。

土壤

土壤是覆蓋着大部分土地的鬆散物質，也是植物生長的地方。它由腐爛物質、礦物質及碎石混合而成。

一茶匙土壤裏的微生物含量比地球上的人還要多！

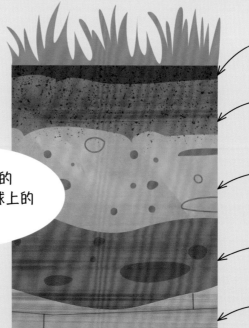

腐殖質是死去的動植物的腐爛殘體。

表土是礦物質和腐殖質的混合物，很多植物的根在這裏生長。

底土含有豐富的礦物質，它的腐殖質含量比表土少。

這層主要由大塊岩石組成，植物的根不會延伸到這一層。

在土壤層的下面是稱為基岩的堅硬岩石。

化石

化石是保存在岩石中的古代動植物遺骸。它們被埋在沙子或泥土裏，經過數百萬年後變成了石頭。

古生物學家

古生物學家利用化石找出古時的各種生物長什麼樣子。

古生物學家利用特殊的工具來挖掘化石。

當覆蓋在化石上面的岩石被磨走後，化石便出來了。

有時候可以找到完整的化石骨架。

挖掘化石時一定要非常小心，才不會損壞化石。

恐龍

恐龍是在2億3,000萬年前到6,600萬年前統治地球的巨型爬行類動物。恐龍化石包括了骨頭、牙齒、恐龍蛋、腳印，甚至糞便！

禽龍頭骨

暴龍可怕的牙齒竟長達30厘米！

暴龍骨架

偷蛋龍蛋化石

地球

地球是我們的家，有一層堅硬的岩石外殼，中間是一層較軟的岩石，最內層是一顆金屬地核，整個地球被一層叫大氣層的混合氣體包圍。

維持生命

地球擁有萬物賴以生存的一切資源。這些資源包括了水、氧氣、土壤和來自太陽的能量，為植物的生長提供了必需的原料。

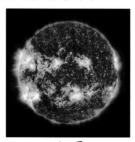

能量

氧氣

水

土壤

組成大氣層的主要氣體是氮氣和氧氣。

超過三分之二的地球表面被水覆蓋着。

地球上大部分的岩石土地被土壤和綠色植物覆蓋着。

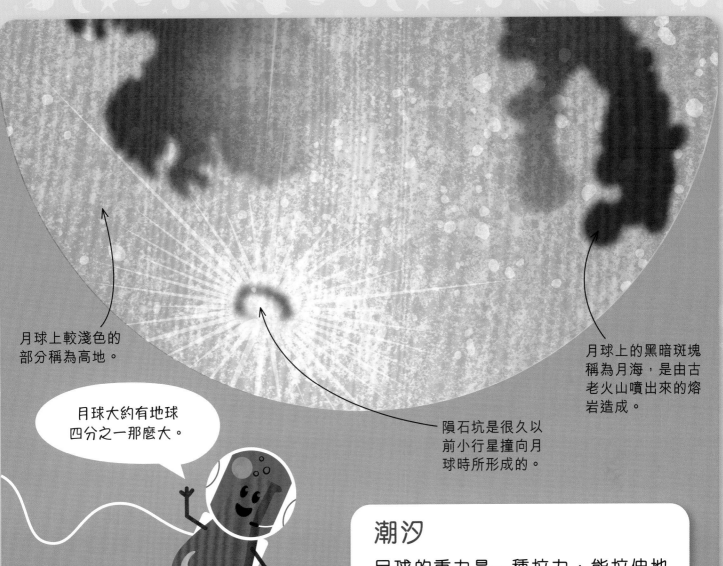

月球上較淺色的部分稱為高地。

月球上的黑暗斑塊稱為月海,是由古老火山噴出來的熔岩造成。

隕石坑是很久以前小行星撞向月球時所形成的。

月球大約有地球四分之一那麼大。

月球

月球是一個乾燥、滿布灰塵而且無空氣的星球。月球會繞着地球運行,同時地球和月球會一起繞着太陽運行。月球因為反射了太陽的光,所以在夜空中特別明亮。

潮汐

月球的重力是一種拉力,能拉伸地球的海洋,這會造成地球兩邊的海洋隆起,我們把隆起的海洋稱為漲潮。隨着地球自轉,潮汐也會繞着地球轉動。

在地球另一邊的海洋也會隆起。

海洋會在月球重力最強的地方隆起。

地球

月球重力 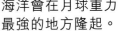 **月球**

一日兩次漲潮之間有退潮,退潮時水位會下降。

太陽

在太陽系的中心是一顆恆星，我們稱為太陽。太陽是一大團熾熱而且會發光的氣體，它由很多層氣體組成，這些氣體通過引力聚集在一起。太陽已經照耀了45億年。

核心

在太陽的中心是它的核心，太陽的能量就是由核心產生。核心有點像個以氫氣作為燃料的巨大熔爐，使太陽一直在燃燒。

太陽有多熱？

熾熱的太陽表面可高達攝氏6,000度，它的核心溫度更可升至攝氏1,600萬度。

移動的太陽

太陽好像每天都在天空中移動，但事實上是地球在移動。雖然我們不會注意到地球在轉動，但地球不停地繞着自己的地軸自轉，使我們覺得太陽一直在移動。

內層

來自太陽核心的能量會十分緩慢地向外移動，它可能需要超過10萬多年才能穿過太陽各層，到達太陽表面！

大氣層

太陽的大氣層向太空延伸了數千公里。

太陽黑子

太陽表面有稱為太陽黑子的黑色斑點，是太陽表面較涼快的部分。

表面

太陽表面會發出大量的光、熱和其他能量，這些能量會傳遞到太空中，部分能量會傳遞到地球。

日食

當月球在太陽和地球之間短暫經過時，它會在地球上造成陰影，太陽的光線會被月球擋住，我們把這個天文現象稱為日食。當日全食發生時，太陽光線會完全被月球擋住，在這幾分鐘裏，白天就好像黑夜一樣！

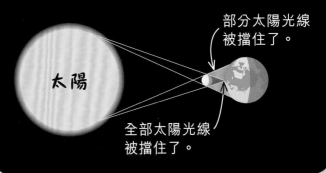

部分太陽光線被擋住了。

太陽

全部太陽光線被擋住了。

太陽的未來

從現在起約50億年後，太陽的燃料將會耗盡。到那個時候太陽將會開始膨脹，它的外層會被吹走，只會剩下核心，然後慢慢地冷卻。

來自太陽的光需要8分多鐘才到達地球。

切勿用肉眼或望遠鏡直望太陽，因為這樣會損害你的眼睛！

行星

　　地球是圍繞太陽運行的八大行星之一。水星、金星、地球和火星是由岩石構成的行星；而木星、土星、天王星和海王星則是主要由氣體和冰組成的巨行星。

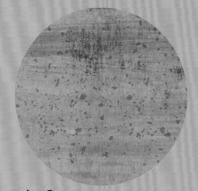

水星
水星是太陽系中最小的行星，而且距離太陽最近。水星表面布滿了隕石坑。

金星
金星的大小跟地球差不多。金星是太陽系中最炎熱的行星，因為它有一層厚厚的大氣層把熱能困住，它更有會下硫酸雨的雲層！

天文學家已經發現了在深太空有繞着其他恆星的行星，其中一些行星更可能有生物存在。

木星
木星是太陽系中最大的行星，它被一些明亮雲帶包圍着。木星表面上的大紅斑是一個巨大的風暴，那個大紅斑有兩至三個地球那麼大！

土星
土星是太陽系中第2大的行星，它被美麗的環圍繞着，這些環是由冰塊和岩石組成的。土星有80顆以上的衛星，而水星和金星就一顆衛星都沒有。

行星大巡遊

當行星繞着太陽運行時，它們會受到太陽的重力影響，保持在固定的軌道上。岩石行星是最接近太陽的行星。

水星

金星

地球

地球
我們的地球是一個很特別的地方，它是唯一擁有大量液態水、在大氣層中含有大量氧氣和生物的星球。

火星
火星是一個寒冷的沙漠世界，只有一層薄薄的大氣層。火星被稱為紅色星球是因為它的土壤中含有豐富的鐵質，使它呈現像鐵鏽的紅色。

天王星
其他行星都是直立自轉的，但天王星卻是躺着自轉的。科學家認為天王星上的雲層，聞起來會是臭雞蛋的氣味！

海王星
寒冷的海王星擁有明亮的藍色，它擁有太陽系中最猛烈的風力，雲帶以超過每小時2,000公里的速度吹遍整顆行星。

矮行星
我們把大於小行星但小於岩石行星的天體稱為矮行星，它們大多位於海王星以外的地方。

冥王星
冥王星是最大的矮行星，但它的大小其實比月球還要小三分之一。在冥王星會下紅色的雪！

穀神星
穀神星是最小的矮行星，它位於火星和木星之間的小行星帶。它有一個冰火山，會噴出冰岩漿。

火星

小行星帶

木星

土星

天王星

海王星

規律

規律是事物的重複序列。在日常生活中，你隨處都可以找到規律，例如在衣服上、家具上，還有在大自然中。

建立規律

只需用兩個形狀，我們就可以建立一個簡單的規律：把兩個形狀輪流一個接一個不斷地重複就可以了。如果加上不同的形狀或是改變顏色，就會使規律更加複雜。

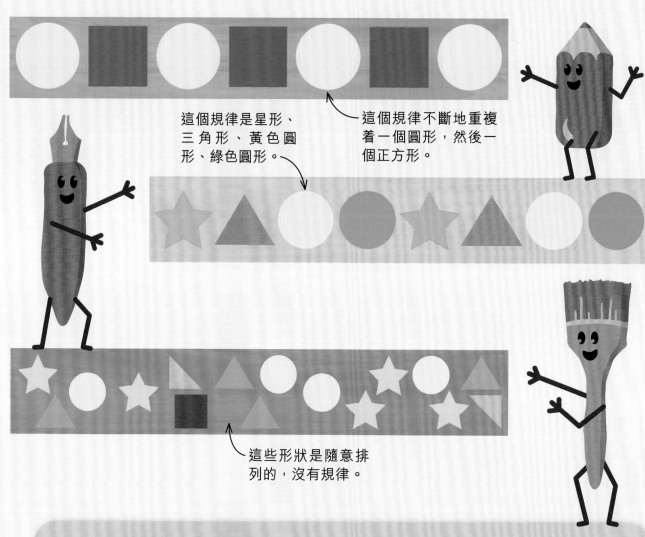

這個規律是星形、三角形、黃色圓形、綠色圓形。

這個規律不斷地重複着一個圓形，然後一個正方形。

這些形狀是隨意排列的，沒有規律。

密鋪

利用相同形狀組成有規律的圖案，而這些形狀之間沒有任何空隙或重疊時，就稱為密鋪。在右圖中，你可以看到一個由很多個六邊形格子密鋪而成的蜂巢。

對稱

對稱可以分為反射對稱和旋轉對稱兩種類型。我們可以從周圍的環境中找到這兩種對稱。

反射對稱

如果你可以在某個圖形上畫一條線,把它分成完全相同的兩半,那麼它就是一個反射對稱圖形了。有些圖形沒有對稱軸,有些圖形則有很多條對稱軸。

旋轉對稱

如果某個圖形沿它的中心點旋轉一圈時,會與它原來的圖形完全重疊多於1次,那麼它就是一個旋轉對稱圖形。完美形成的雪花就有旋轉對稱的性質。

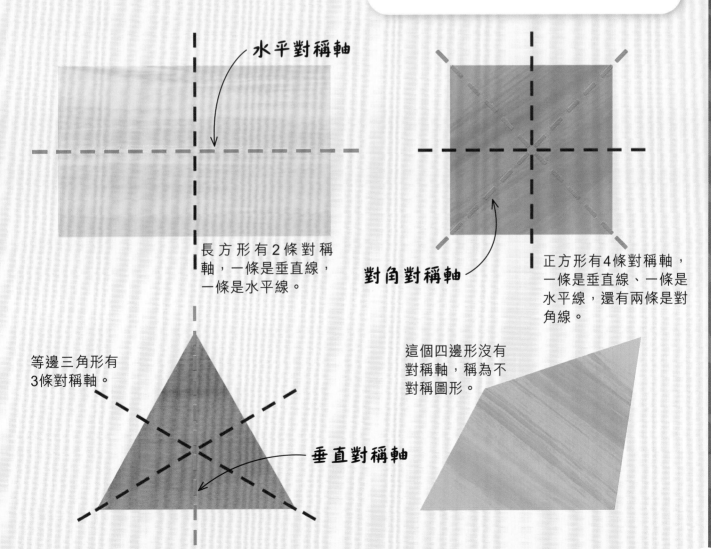

水平對稱軸

長方形有2條對稱軸,一條是垂直線,一條是水平線。

對角對稱軸

正方形有4條對稱軸,一條是垂直線、一條是水平線,還有兩條是對角線。

等邊三角形有3條對稱軸。

垂直對稱軸

這個四邊形沒有對稱軸,稱為不對稱圖形。

時鐘和月曆

時鐘和手錶可以告訴我們現在的時間，月曆可以幫助我們隨時知道今天是幾月幾日、星期幾，以及還需要等待多久才到那些特別的日子！

時鐘

時鐘以小時、分鐘和秒為單位來量度時間。1分鐘有60秒，1小時有60分鐘，1天有24小時。時鐘可以分為類比時鐘和數碼時鐘兩種。

一天有1,440分鐘或86,400秒。幸運的是我們有時鐘為我們計算時間！

這是秒針，用來顯示「秒」，並不是所有類比時鐘都有秒針。

數碼時鐘

數碼時鐘以數字來顯示時間，數字會隨着時間流逝而變化。數碼時鐘可以分為12小時制及24小時制。

這個數字表示「小時」。

冒號把小時和分鐘分隔開。

10:15

類比時鐘

類比時鐘的鐘面上有數字1至12和指針。指針會在鐘面上繞圈行走，並指向不同的數字來顯示時間。

這是最短的指針，稱為時針，用來顯示「小時」。

這根指針指向「分鐘」，稱為分針，它比時針長一些。

這個數字表示「分鐘」。

兩個時鐘都顯示現在是10時15分。

月曆

一年通常有365天，分為12個月。每個月的天數由28天到31天不等，1月、3月、5月、7月、8月、10月和12月有31天；4月、6月、9月、11月有30天；2月最特別，只有28天。

星期日是一星期7天中的一天。

這是2024年的月曆。

7月是一年中的第7個月。

2024年 7月

星期日	星期一	星期二	星期三	星期四	星期五	星期六
	1	2	3	4	5	6
7	8 我的生日!	9	10	11	12	13
14	15	16	17	18	19	20
21	22	23	24	25	26	27
28	29	30	31			

每個月大約有4至5個星期。

7月份有31天。

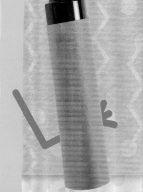

每隔4年，就會有一年出現366天而不是365天，我們稱這年為閏年，這額外的一天會加在2月份，令2月有29天。

長度

我們可以用直尺和捲尺來量度物體的長度、闊度和高度。它們的十進制單位是毫米、厘米和米，英制單位是英寸、英尺和碼。

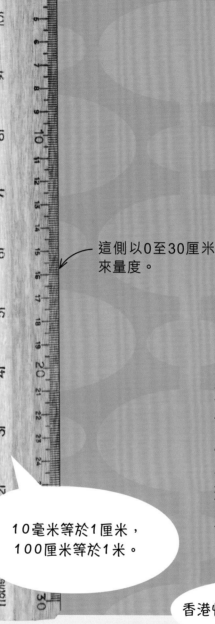

這側以0至12英寸來量度。

直尺

有些直尺會顯示兩種單位，一側以厘米作單位，另一側以英寸作單位。

這側以0至30厘米來量度。

這側的刻度是攝氏度（°C）。

這側的刻度是華氏度（°F）。

隨着溫度升高，管內的液體會向上移動。

10毫米等於1厘米，100厘米等於1米。

溫度

這是量度事物有多熱或有多冷的單位，我們會用溫度計來量度溫度。溫度的單位有攝氏度和華氏度，現在主要只有美國使用華氏度。

香港慣用攝氏度來量度溫度。

量度單位

在日常生活中，量度可以幫助我們修建樓房、烹飪、購物、描述天氣等。我們會使用不同的單位來量度事物，兩個主要的量度制度是十進制和英制。

體積

體積是物體在三維空間的大小，即是物體的長度、闊度和高度，體積可以告訴你物體佔了多少空間。

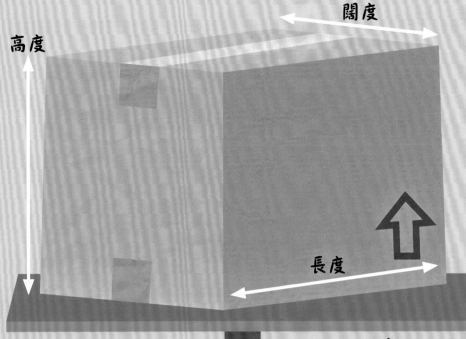

闊度

高度

長度

液體會晃動及流動，所以我們要把液體倒入容器來量度。

你可以利用容器上的刻度量出液體的體積。

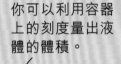

磅秤

刻度盤上的指針指住的刻度，顯示了這個包裹的重量，較重的物體會令指針轉動較多。

量杯

量杯上的刻度可以告訴你杯內有多少液體。我們用十進制的毫升和升或英制的液安士和品脫來量度液體的體積。

重量

重量會告訴我們物件有多重，我們用十進制的克和公斤或英制的安士和磅來量度重量。

物質的三態

地球上的萬物都是由粒子組成。物質的三種狀態是固態、液態和氣態，每種狀態下的粒子行為都不同。物質可以經由不同的過程，從一種狀態變成另一種狀態。

當水變得很熱時，它會沸騰變成水蒸氣。

氣體中的粒子是分散的，可以自由地四處浮動，所以沒有固定的形狀。

氣體沒有固定的形狀，它能向四方八面地擴散，充滿任何空間。

凝華

凝結

物質變魔術

我們是看不見水蒸氣的，但水蒸氣一直存在於我們周圍的空氣中。當水蒸氣冷卻時，它會凝結成小水滴，變成雲、霧或雨。

水蒸氣在冰冷的窗戶上凝結。

氣態

當液態的水被加熱至一定的高溫時，它就會變成氣體，氣態的水稱為水蒸氣。氣體在凝結的過程會變成液體，在凝華的過程會變成固體。

固體中的粒子會緊密地排列在一起，形成固定的形狀。

固態

當水被冷卻到一定的低溫時，它就凍結成固體，固態的水稱為冰。固體在熔化的過程會變成液體，在昇華的過程中會變成氣體。

昇華

熔化

液態的水在攝氏0度時會凝固成冰，在攝氏100度時會蒸發成水蒸氣。

凝固

蒸發

液態

在室溫下水呈液體狀態。液體可以流動，可以倒出或倒入。液體的形狀會隨着盛載的容器而變化。液體在凝固的過程會變成固體，而在蒸發的過程會變成氣體。

液體中的粒子不會固定在一起，但也不會自由地四處浮動。它們會越過彼此，所以液體會流動。

51

力和運動

力一般是指施加在物體上的推力或拉力，使物體開始或停止移動、加速、減速或改變方向。當力適當地結合在一起時，可以令物體處於靜止或保持平衡的狀態。

這支火箭的引擎會燃燒燃料以產生推力。

推力

當你踢球時，你的腳會把球推開，使它射出去。交通工具中的引擎也能產生推力，使交通工具向前移動。

隨着汽車加速，它會獲得更多動能。

推力

火箭能產生巨大的推力，使它飛離地球衝入太空。

動能

移動中的物體，像上圖中的這輛汽車，具有一種稱為動能的能量。物體移動的速度越快，它的動能就越大。

力的平衡

兩隊拔河隊的隊員正在用相等的力量向相反方向拉，令力處於平衡的狀態，彼此抵消，因此兩隊都不會動。

除非其中一隊比另一隊拉得更大力，否則這條絲帶會一直停留在線的上方。

拉力

你施加在物體上的拉力也能使物體移動。你越用力地拉，物體便移動得越快。當你把球拋向空中時，有一種稱為重力的拉力會使球掉到地上。

在沒有地球重力下，假如這個蘋果跟樹枝分離，蘋果將會在空中飄浮！

摩擦力

當一個表面在另一個表面上移動時，有一種力會試圖減慢它們的速度，這種力就是摩擦力。物體的表面越粗糙，它們之間的摩擦力就越大。

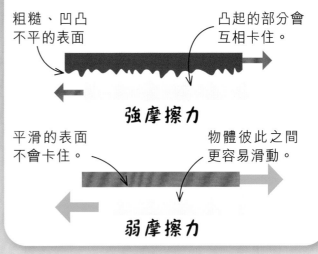

粗糙、凹凸不平的表面

凸起的部分會互相卡住。

強摩擦力

平滑的表面不會卡住。

物體彼此之間更容易滑動。

弱摩擦力

空氣阻力

移動中的物體會受到空氣阻力的影響。空氣阻力會試圖抵抗物體的重力，這也就是降落傘可以安全地飄落到地面的原因。

1666年，一位名叫以撒·牛頓的科學家因為被一顆掉下來的蘋果擊中了他的頭部，而發現了重力。

重力

重力是所有物體之間的拉力。較大的物體擁有較大的重力，行星如地球就擁有非常強大的重力。

當風吹起時，我們才察覺空氣的存在！

53

磁鐵

磁鐵可以在不碰到物體的情況下，把物體推開或吸住。磁鐵能做到這一點是因為它擁有一種稱為磁力的力。磁力在磁鐵稱為磁極的兩端是最強烈的，但磁鐵只能影響帶有磁性的物質，例如鐵、鎳、鈷和鋼。

磁鐵的兩個磁極稱為北極（N）和南極（S）。右圖這個彎曲的磁鐵是馬蹄形磁鐵。

這枝塑膠筆沒有磁性，因此不會被磁鐵吸引。

帶有磁性嗎？

含鐵的金屬帶有磁性，所以它們能被磁鐵吸引；其他不含鐵的物質，包括大多數金屬，都不會被磁鐵吸引。

N

這塊橡皮不含帶磁性的物料，所以不會受到磁鐵的影響。

這把鋼尺因為含有鐵，所以帶有磁性，因此它能被磁鐵吸引。

磁鐵的力量有多強？

磁鐵的力量強大得令人難以置信，有些磁鐵可以舉起重如汽車的物體。

這台起重機正在用磁鐵吊起重甸甸的廢金屬。

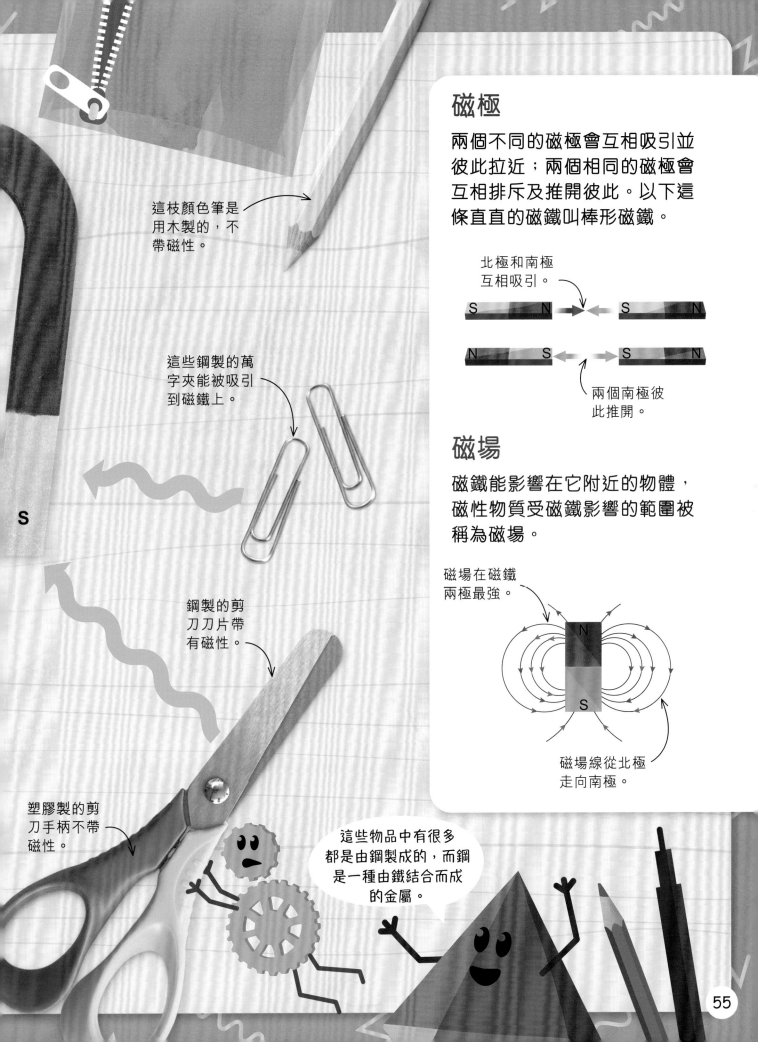

這枝顏色筆是用木製的，不帶磁性。

這些鋼製的萬字夾能被吸引到磁鐵上。

S

鋼製的剪刀刀片帶有磁性。

塑膠製的剪刀手柄不帶磁性。

磁極

兩個不同的磁極會互相吸引並彼此拉近；兩個相同的磁極會互相排斥及推開彼此。以下這條直直的磁鐵叫棒形磁鐵。

北極和南極互相吸引。

S　　N → ← S　　N

N　　S ← → S　　N

兩個南極彼此推開。

磁場

磁鐵能影響在它附近的物體，磁性物質受磁鐵影響的範圍被稱為磁場。

磁場在磁鐵兩極最強。

N

S

磁場線從北極走向南極。

這些物品中有很多都是由鋼製成的，而鋼是一種由鐵結合而成的金屬。

光

光是一種我們可以用眼睛看到的能量。光看起來是白色的，但實際上它是由不同的顏色組合而成。

光源

光源是指任何會發出光的東西。太陽、星星、蠟燭、電燈、汽車車頭燈、螢火蟲等都是光源。

光線

光是以直線進行的，我們稱為光線。你很可能已經看過在陽光明媚的早晨，光線從窗戶射進來的情境。

光的反射

物體會反射並改變光線方向，這就是我們看見事物的原理。所以當光從電燈、電筒等光源照射到物體時，光線會反射進入我們的眼睛，我們就可以看見該物體了。

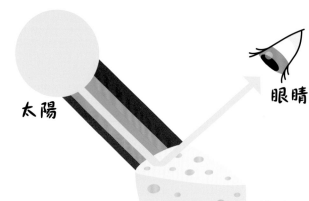

太陽

眼睛

芝士

光的波長

不同顏色的光有不同的波長，紅色的光最長，紫色的光最短。當天空中的小水滴把陽光分裂成一道彩虹時，我們便可以看到陽光中的不同顏色。

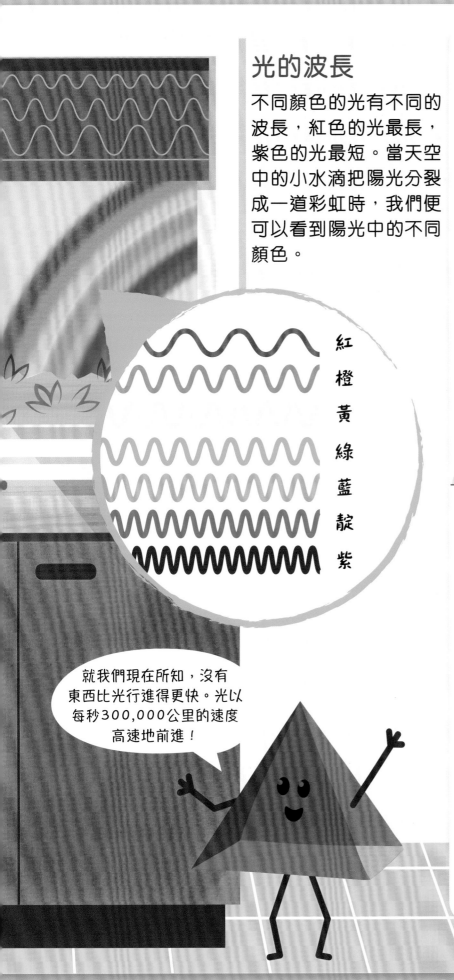

紅
橙
黃
綠
藍
靛
紫

就我們現在所知，沒有東西比光行進得更快。光以每秒300,000公里的速度高速地前進！

影子

如果光線被物體阻擋，就會形成一個黑暗的範圍，稱為影子。影子的形狀和大小會視乎光源的位置而改變。

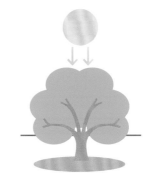

在高處時

在中午時，太陽高高地掛在天空，樹影會很短。

在低處時

在接近日出和日落時分，太陽會在天空的低處，樹影就會變長。

在前面時

當太陽在樹的前面，樹影會在樹的後面形成。

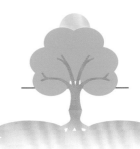

在後面時

當太陽在樹的後面，樹影會投射在樹的前面。

聲音

聲音是一種波動，當物體振動或來回運動時就會產生聲音。我們把這種振動稱為聲波，它可以透過周圍的空氣傳播出去。

你透過耳機播放出來的歌曲，會令揚聲器產生振動並傳出聲波。

這些振動經過3塊統稱為「聽小骨」的小骨頭時，能使聲音加強。

聲波會令耳朵裏一片叫耳膜的薄膜產生振動。

聲音通過內耳中的液體傳遞，使纖細的毛髮彎曲，從而向大腦發射神經信號。

聲音的傳播

聲音需要介質才能傳播，例如木材、金屬、磚塊、空氣或水。在空氣中，聲音的傳播速度是每秒330米，它們在水中的傳播速度比在空氣中快4倍以上。

回聲

在山洞和隧道裏面大喊一聲「你好！」，喊聲會在洞壁上反彈並回到你的耳中，反彈出來的聲音就是回聲了。

在水中

聲音在水中比在空氣中傳播得更遠更快。座頭鯨用「歌曲」向彼此呼喚，在160公里以外的地方也能聽到。

創作音樂

音樂是按照特定節奏及規律排列而成的聲音，我們可以用不同的樂器來創造音樂，而樂器有5個主要的家族。

木管樂器

吹奏木管樂器時，會使管內的空氣產生振動，從而發出聲音。

敲擊樂器

你敲打或搖動敲擊樂器時，會使它們產生振動。

鍵盤樂器

鍵盤樂器可以在同一時間裏奏出很多個聲音。只要按下琴鍵，就能使內部的琴鎚敲打琴弦。

弦樂器

你可以透過彈撥結他或豎琴上的弦來彈出聲音，或者用琴弓在小提琴的弦上移動，使弦線產生振動。

銅管樂器

銅管樂器是一條彎曲成線圈的長管，你可以對着吹嘴吹奏出不同的音高。

旋律是由一系列音高組成的曲調，而和聲則是在同一時間裏奏出兩個或以上音高時結合而成的聲音。

顏色

顏色使我們的世界充滿生命力。不過其實可以用來產生各種顏色的只有紅色、藍色和黃色！這三種顏色被稱為原色。

黃色

象徵愉快的黃色讓我們覺得很開心。黃色的染料曾經是用牛尿製成的！

橙色

橙色、黃色和紅色被認為是暖色，暖色令我們想起陽光、夏天和温暖的火。

二次色

當你把兩種原色混合在一起時，就可以得到一種二次色。橙色、綠色和紫色就是二次色。

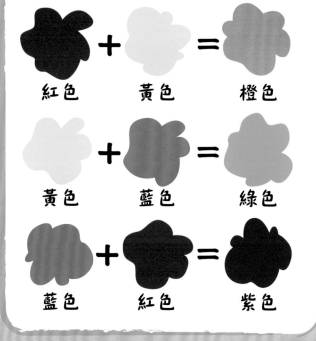

紅色　＋　黃色　＝　橙色

黃色　＋　藍色　＝　綠色

藍色　＋　紅色　＝　紫色

只有紅色、藍色和黃色是你無法透過混合其他兩種顏色來製成的。

紅色

鮮豔的紅色總能吸引你的目光！所以人們通常把紅色用在「停止！」標誌或「危險！」警告牌上，以引起人們的注意。

綠色

象徵積極向上的綠色在交通燈中表示「通行」。它使我們想起春天、生命和大自然。

明色調和暗色調

在顏色裏加入白色，可以使顏色變得淺色一些，加入的白色越多，顏色就變得越淺，我們把這種色彩稱為明色調。在顏色裏加入黑色，可以使顏色變得深色一些，加入的黑色越多，顏色就變得越深，我們把這種色彩稱為暗色調。

紅色 ⟶ 白色

紅色 ⟶ 黑色

藍色

人們把藍色和紫色歸類為冷色，因為冷色會使我們想起冰冷的水、陰涼的森林和冬天寒冷的日子。

黑色、白色和灰色不被視為真正的顏色，它們被稱為「中性色」。

紫色

紫色曾經是一種稀有而且昂貴的染料，只有非常有錢的統治者才穿得起紫色的衣物。

物料

物料就是我們用來製造物品的材質。每種物料各有不同的特性，使它們可以在不同方面發揮作用。很多物料可以循環再用，代表它們可以再次被使用去製造新的產品。

塑膠是由化學物質製成的。它有很多不同的特性，有些不易斷裂，也有些可以輕易地改變形狀。

金屬

很多金屬都是結實而堅固的物料。鋼製的刀、叉和湯匙看起來既閃亮又易於清洗。

有些物品可以利用不同的物料製成。以湯匙為例，它可以是金屬製、塑膠製或是木製的。

陶瓷

有些碗、碟子、杯子和杯碟是用陶瓷做的。它們用易於塑形、濕軟的黏土製作，塑形後把黏土烘烤至變硬為止。

布料

布料由很多線編織而成，線可以來自植物或動物，也可以是由塑膠製成。布可以輕易地被剪開和縫合在一起。

建築物料

建築物必須能長時間保持穩固，因此建築所使用的物料必須堅固，並且能抵禦所有類型的天氣。

玻璃窗可以透光，也能把風、雨和寒冷擋住。

磚塊可以用來砌成穩固的牆壁，並承受很大的重量。

砂漿是水泥、砂和水的混合物，可以把磚塊黏合在一起。

硬卡紙也由木漿製成。還有你正在閱讀的這本書，其實也是來自一棵樹！

木材

木材來自樹木，它可以被切割成不同的長度，然後用錘子或螺絲把木材結合在一起以製成家具，就像這張桌子。

紙張

把小木屑放在水裏煮成糊狀就形成了木漿，然後把木漿薄薄地攤開，曬乾就成了紙張。

世界各地的房屋

在世界各地，人們使用不同的物料來建造他們的家，選用的物料會視乎附近有哪些物料提供。

小泥屋

這間小泥屋是用泥和稻草建成的。

小木屋

這間小木屋有木製的牆和屋頂。

冰屋

冰屋由厚厚的雪塊建成。

能源

　　進入家裏的大部分電力是由稱為發電機的機器生產，發電機利用化石燃料、風或流動的水產生電力。此外，陽光也可用來發電。

風力發電

風力發電場裏有風力發電機，依靠自然風產生電力，稱為風能。風力發電機是一座帶螺旋槳狀扇葉的高塔，當風吹動扇葉，扇葉會轉動內裏的軸，驅動發電機。

化石燃料

煤、石油和天然氣被稱為化石燃料，因為它們是由數百萬年前的古代生物殘骸變成的。化石燃料在發電廠中會被燃燒以驅動發電機，燃燒化石燃料會產生含污染物的氣體污染空氣。

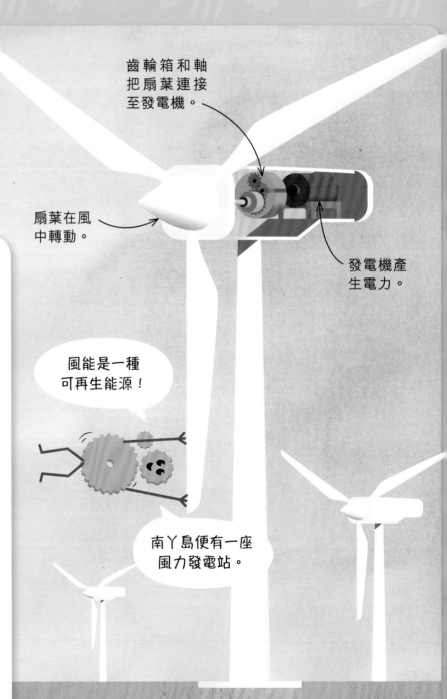

齒輪箱和軸把扇葉連接至發電機。

扇葉在風中轉動。

發電機產生電力。

風能是一種可再生能源！

南丫島便有一座風力發電站。

太陽能發電

由陽光產生的電力稱為太陽能。在太陽能發電廠裏，有很多用特殊材料製成的電池板，當太陽照射在電池板上時，它們就會產生電力。

太陽的光線照射在電池板上。

電池板把光能轉成電能。

水力發電

在水壩後面的水沿着水壩壁中的隧道流下來，然後會令一組稱為渦輪機的扇葉轉動，渦輪機連接到發電機從而產生電力，稱為水能。

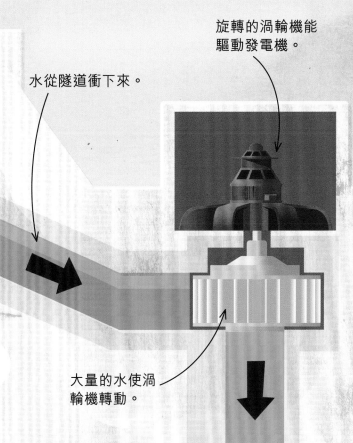

旋轉的渦輪機能驅動發電機。

水從隧道衝下來。

水力發電的英文是 Hydropower。這個英文單詞中的「Hydro」來自古希臘語，是「水」的意思。

長江三峽的水力發電設施為全球最大，發電量也很龐大。

大量的水使渦輪機轉動。

電路

電是一種能量的流動，電的流動稱為電流。電能為很多設備如鐵路、智能手機等提供動力。為了使設備能正常運作，設備必須由電路把電連接起來。

燈泡

當電流通過這個燈泡時，它就會發光。燈泡只會在它成為開合電路的一部分時，才會發光。

一個電路可以包括開關掣、燈泡、蜂鳴器、馬達等物件，這些物件稱為電路組件。

電池

電池的內部含有產生電的化學物質，我們必須把電線連接到電池的兩端，才能讓電流流通。

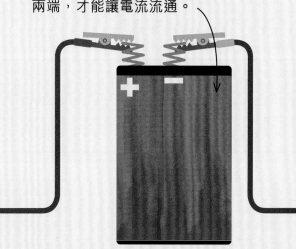

電池的基本原理

一顆電池的兩端稱為終端，一端是負極（－），另一端是正極（＋）。當我們把電線同時連接到兩端時，電便從電池中流出來，繞着電路快速通過，然後返回電池。

負極　　　　　　　正極

千萬不要把你的手指放進插座裏！十分危險！

導電體

能讓電通過的材料稱為導電體，金屬就是其中一種良好的導電體。此外，水也能導電，所以不要用濕的手去觸摸任何電器，以保安全！

銅線

銅是一種金屬，而且是非常良好的導電體，銅線通常用來製成電路中的電線。

石墨

鉛筆的筆芯部分並不是鉛，而是由一種叫做石墨的材料製成。易碎的石墨雖然不是金屬，但它也可以導電。

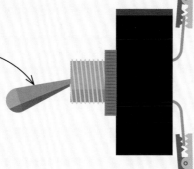

電線

電流會流經一條由金屬電線組成的迴路。

開關掣

在電路中設置開關掣，讓你能控制電流。有了開關掣，你就可以控制電的流通。

控制開關

開關掣是可以控制電流通過電路的裝置。關掉開關掣會使電路斷開；打開開關掣能使電路變得完整，電就能夠流通。

燈關了

當我們關掉開關掣，這時電路是斷開的，電不能通過電路中的缺口，因此燈泡不會發光。

燈亮了

當我們開啟開關掣，電路的缺口會閉合使電路變得完整，電就能繞着電路流通，使燈泡發光。

絕緣體

可以阻隔電流流通的材料稱為絕緣體，絕緣體有效保持電器設備安全。良好的絕緣體包括橡膠、木材、羊毛、玻璃、空氣和塑膠。

橡膠

電工在工作時經常穿上橡膠手套和靴子。因為橡膠不會導電，所以可以防止他們觸電。

塑膠

塑膠可以用來包裹電線和電纜以防止漏電，它們還可以用來製造插頭和插座。

交通工具

　　人們總是四處走動，所以我們每天都會使用汽車、火車、巴士等，把我們從一個地方載到另一個地方去。

香港設「巴士專用綫」，巴士在繁忙道路能更快捷地行駛，減少交通擠塞的影響。

汽車

有些汽車只可容納兩個人，有些汽車則可容納很多人。汽車的引擎很多都是使用汽油或柴油來驅動，所以會排放出含污染物的氣體。

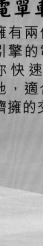

電單車

擁有兩個輪子和一個引擎的電單車可以讓你快速地到達目的地，適合穿梭於城市擠擁的交通中。

68

巴士

巴士有很多座位可供人們乘坐，而且收費較便宜。有些巴士分為上下兩層，在兩層之間有一道樓梯連接，香港便有大量雙層巴士。

電動汽車

有些汽車的馬達是用電池驅動的，連接電源就可以為電池充電。它更不會噴出含污染物的廢氣。全港共有五百多個充電場，多達五千個以上的充電位置，方便電動汽車車主。

請確保每次騎單車時都戴上頭盔！

單車

單車不需要燃料，只需運用你的肌肉就可以為它提供動力！

地下鐵路

城市的地下鐵路轟隆隆地在地底隧道中駛過，它們可以接載數百名乘客。

電腦

電腦是一部可以讓你處理文字、圖片、影片等資訊的機器。我們把電腦資訊稱為數據；把指令稱為程式，告訴電腦該怎麼做。

屏幕能顯示你在鍵盤上所輸入的內容，還可以讓你看到各種資訊例如照片、電影等。

揚聲器可以播放音樂和其他聲音。

數據被儲存在電腦內的記憶晶片和磁碟上。

你用指尖在觸控板上移動，並點擊以選擇屏幕上的內容。

鍵盤讓你輸入文字、數字和符號。

使電腦運作的電力來自它的內置電池。

其他設備，例如USB記憶棒，可以插入稱為連接埠的插槽中使用。

儲存資料

電腦資料需要儲存起來，才可以與別人共享和再次使用。自從早期的電腦問世以來，儲存資料的方式已經有很大的變化。

打孔帶

在1950年代，電腦把資料打在磁帶上一個個的孔裏儲存起來。

磁碟

從1970年代開始，資料以磁性媒介的形式被儲存在一張薄薄的碟片上。

CD（光碟）

資料以極小的坑洞圖案被儲存在光碟的表面。

互聯網

互聯網是連接着全球電腦的大型網絡。它有很多用途，例如讓我們可以即時在任何可以上網的地方，把信息和照片發送給任何人。

購物
除了去商店買東西，你還可以在互聯網上購物。

無線上網（Wi-Fi）
無線上網可以讓你的電腦或電話在沒有任何電線或電纜連接的情況下使用互聯網。Wi-Fi熱點遍布全港，市民能輕鬆上網。

全世界有超過40億人使用互聯網！

電子郵件
這是一種通過互聯網向人們發送信息的方法。

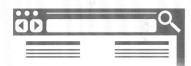

搜尋引擎
搜尋引擎有助你在互聯網上尋找資料。

DVD（影音光碟）
DVD比CD有較多儲存空間，所以它們常被用來儲存電影。

USB記憶棒
USB記憶棒比DVD小很多，但是它能儲存的資料卻多很多。

雲端儲存
我們現在可以把資料儲存在互聯網上，不再需要實體的儲存裝置。

城市

大城市擠滿了各種建築物，例如住宅、工商大廈和娛樂場所，位於市中心的建築物通常特別高，而且十分密集，藉此節省空間。

工廠

工廠能生產我們在日常生活中使用的東西，它們通常是很嘈雜的地方，因為裏面放滿了大型機器。

住宅

這座建築物有很多住宅，稱為「單位」。它們分布在不同的樓層，你可以走樓梯或乘搭升降機到不同的樓層去。

建築地盤

建築工人建新建築物時，會站在附有平台的框架上，稱為棚架。香港很多工地是以竹來建棚架。

塔式起重機

建築工人需要使用大型起重機把建築材料吊到棚架的頂部。

博物館

在博物館裏，人們可以看到歷史上著名的繪畫、恐龍化石、科學展品及其他重要的歷史文物，例如香港的M+博物館內有各種來自世界各地的視覺藝術、流動影像等展品。

商店

香港有很多不同商店，到處都有大型商場，如海港城是香港最大面積的購物中心，它還提供了寫字樓，是大型建築羣。

摩天大樓

極高的建築物稱為摩天大樓，很多摩天大樓都超過100層樓高，並作為酒店或辦公室使用。

很多摩天大樓都是由鋼、混凝土和玻璃建成。

香港的環球貿易廣場便有118層樓高。

中國北京的故宮是世界上現存規模最大的宮殿型建築。

世界上最高的建築物是位於阿拉伯聯合酋長國杜拜的哈里發塔，它有169層樓高！

辦公大樓

每天都有很多人到位於市中心的辦公室去上班。在大多數的辦公大樓裏，人們都是坐在辦公桌前，打開電腦工作的。

引人注目的建築物

雖然很多建築物看起來好像一個個盒子，但是世界上也有很多別具特色的建築物！

法國巴黎　巴黎鐵塔
這是一座呈火箭形的鐵塔。

英國倫敦　碎片大廈
這是一座呈錐體的摩天大樓。

印度阿格拉　泰姬陵
這座建築有美麗的白色圓頂。

大橋

如果你發現面前出現了一個你無法跨過的巨大間隙，那麼你就需要搭建一座橋了！最早期的橋樑是用木頭或石頭建成，如今大多數橋樑都由鋼和混凝土建成。

美國三藩市的金門大橋全長2,737米，而中國香港的青馬大橋全長2,160米，港珠澳大橋更是長55,000米！

道路掛在粗粗的金屬纜繩上。

纜繩被懸掛在高高的塔架上。

道路是用堅固的混凝土建成。

懸索橋

這些塔架被牢牢地固定在地下或河床中。

橋樑的種類

橋樑有不同的類型，在決定建造哪一種橋樑時，工程師會考慮橋樑需要負載的重量，還有橋樑所需的長度。

拱橋

拱橋的兩端被固定在地上。有些橋會由幾段拱橋連接起來，並在上面鋪設道路，用來跨越較大的間隙。

桁架橋

桁架橋由堅固的三角形砌成一個金屬框架，可以承載較大的重量。

梁橋

橋筆直的部分稱為「梁」，它靠兩端和中間的支座支撐着。

隧道

隧道是位於擁擠街道下面的通道。在繁忙的城市裏，使用隧道是到其他地方的快捷方法。另外有些隧道可以讓車輛和火車從山脈、河流和海底下直接通過。

隧道有很多種：有給行人用的；有給汽車和火車用的；還有給水、電纜、電話線，甚至給污水用的！

鑽挖隧道

古時人們必須用雙手來挖隧道，現在我們可以用機器來挖！

隧道被鋪上了混凝土。

機器把鑽挖輪子向前推進。

輪子能旋轉，而且有鋒利的鑽齒。

輸送帶把挖出來的土壤和岩石運走。

隧道鑽挖機

這台機器就像一隻機械鼴鼠，能在地底挖隧道。隨着前方的輪子把土壤和岩石挖掉後，它會緩慢地向前爬行，同時用混凝土來鋪砌隧道。

飛機和火箭

航太工程師專門設計飛機、直升機和火箭。他們需要知道如何使航天器從地面起飛，如何在飛行中控制它們，以及如何使它們安全地降落。

在機翼上方衝過的氣流能產生升力，把飛機向上拉起。

駕駛艙
駕駛艙是讓機師坐下來駕駛飛機的地方。

機身
機身是飛機的主體，形狀瘦長而且尖尖的，可以穿過空氣。

噴射引擎
高溫氣體從引擎中噴出來，把飛機向前推進。

進入太空

火箭不但把人造衛星送入軌道、把太空人載到國際太空站，火箭還會把太空探測器送往人們想探索的行星和衛星。

火箭在升空時會燃燒大量燃料！

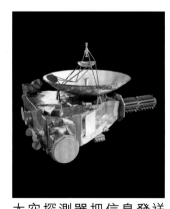

太空探測器把信息發送回地球。

76

大多數飛機是由鋁製成，鋁是一種既堅固又輕巧的金屬。

飛機的構造

要令一架噴射式飛機飛行，除了需要引擎外，還需要機翼把飛機升上天空，以及副翼和方向舵來控制方向。

機翼
機翼指向後方，有助飛機在空中飛行。

機窗
機窗是由非常堅硬而且透明的塑膠製成的。

方向舵
方向舵控制着飛機的方向，使它向左或向右轉。

副翼
這些襟翼可以使機翼傾斜，有助飛機轉彎。

升降舵
兩個升降舵，每邊一個，使飛機爬升或下降。

螺旋槳和旋翼

有些飛機裝有螺旋槳，當螺旋槳旋轉時，它們會牽引飛機在空中飛行。直升機和無人機的旋翼操作原理也相似。它們把飛行器向上拉起，然後傾斜，使它向前推進。

螺旋槳飛機

直升機

無人機

詞彙表

觸角 (antennae)
昆蟲頭部的感應器。

小行星 (asteroid)
繞着太陽運行的細小岩石或金屬塊。

二氧化碳 (carbon dioxide)
動物呼吸時會排出的廢棄氣體，燃燒化石燃料也會釋出二氧化碳。

化學物質 (chemical)
構成世界的物質。

分類 (classification)
科學家把生物歸入不同的種類。

氣候 (climate)
特定地區的天氣模式。

電流 (current)
電在電路中的流動。

數據 (data)
文字、圖片等資訊。

維度 (dimension)
量度的種類，例如長度、闊度或高度。

染料 (dye)
用來改變東西的顏色，可以是暫時性或永久性。

能量 (energy)
令事情發生的東西，有很多種形式，例如光能、熱能、聲能和電能。

等邊三角形 (equilateral triangle)
三條邊長相等的三角形。

燃料 (fuel)
燃燒時釋放熱能的物質。

皮毛 (fur)
哺乳類的共同外在特徵，可以為動物保持體溫。

發電機 (generator)
把動能（例如風力）轉化成電能的機器。

重力 (gravity)
地球對物體的吸引力。

棲息地 (habitat)
動植物一起生活並且可以找到生存所需的地方。

英制 (imperial)
使用品脫、英寸、安士等單位的量度制度。

熔岩 (lava)
火山噴發出來的熔化岩石。

岩漿 (magma)
熔化的岩石，位於地面以下的地幔。

磁力 (magnetism)
一種看不見的力，讓磁鐵吸引其他帶磁性的物體。

變態過程 (metamorphosis)
很多昆蟲都需要經歷的變化過程，例如當毛毛蟲變成蝴蝶時。

十進制 (metric)
使用升、厘米、克等單位的量度制度。

微生物 (microbe)
在沒有顯微鏡的情況下無法看到的細小生物。

肌肉 (muscle)
身體的一部分，令我們可以活動身體。

神經 (nerve)
負責把信號傳送到大腦的細胞，這樣大腦就可以判斷出正在發生什麼事情。

音符 (note)
西方音樂的基本元素。

養分 (nutrient)
在食物中找到的物質，有助我們成長。

軌道 (orbit)
物體在引力影響下圍繞另一個物體運行的路徑。

器官 (organ)
負責特定工作的身體部位。心臟是器官之一。

胚珠 (ovule)
花的一部分，是形成新的種子所需要的部位。

氧氣 (oxygen)
大氣層中幫助維持生命的氣體。

粒子 (particle)
極細小的物質。固體、液體和氣體都由粒子組成。

光合作用 (photosynthesis)
綠色植物利用太陽的能量來製造食物的過程。

塑膠 (plastic)
一種人造物料，可以有不同的特性。

污染 (pollution)
廢物被排放到水中、土地上或空氣中。

特性 (property)
有關物質的信息，是可以被描述和量度的，例如物質的強度或柔軟度。

資源 (resource)
我們生存所必需的物體，大多源自於自然環境，例如水、土地、食物等。

衛星 (satellite)
繞着行星運行的物體，例如月球是地球的天然衛星。人造衛星就是被送入太空，一邊繞着地球運行，一邊收集科學信息的機器。

感官 (sense)
讓你能察覺到世界的東西。五種感官是視覺、聽覺、嗅覺、味覺和觸覺。

物種 (species)
植物和動物的種類。

天氣 (weather)
一些短時間的大氣現象，例如下雨。

鳴謝

DK 希望向以下人士表達感謝：
Lizzie Davey and Satu Fox for additional editorial; Caroline Hunt for proofreading; and Helen Peters for the index.

出版社感謝以下各方慷慨授權讓其使用照片：

(Key: a-above; b-below/bottom; c-centre; f-far; l-left; r-right; t-top)

1 Dreamstime.com: Shakila Malavige. 5 123RF.com: peterwaters (cr); PAN XUNBIN (c). 9 123RF.com: tribalium123 (ca). Dorling Kindersley: Stephen Oliver (cr). Dreamstime.com: Georgii Dolgykh / Gdolgikh (fcr). 10 Dreamstime.com: Piotr Marcinski (bc). 12 Dreamstime.com: Muriel Lasure (cb). 13 Dorling Kindersley: Westcombe Dairy / Gary Ombler (c). Dreamstime.com: Stockr (crb); Yuriyzhuravov (cb); Rudmer Zwerver (cra). 14 Dreamstime.com: Denys Kurylow (Tree images). 15 123RF.com: bmf2218 (cra). Dorling Kindersley: Westonbirt, The National Arboretum (cr). Dreamstime.com: Selensergen (l/Tree images). 16 Getty Images: Photodisc / Frank Krahmer (cra). 17 iStockphoto.com: t_kimura (b). 18 123RF.com: Eric Isselee (crb). Dreamstime.com: Isselee (cl); Menno67 (ca); Maria Itina (cr); Sneekerp (bl). 19 123RF.com: Richard E Leighton Jr (cla). Dorling Kindersley: Linda Pitkin (clb); Weymouth Sea Life Centre (br). Dreamstime.com: Eric Isselee (cl). 20 Dorling Kindersley: Forrest L. Mitchell / James Laswel clb); Natural History Museum, London (clb/Longhorn beetle). Dreamstime.com: Andrey Burmakin / Andreyuu (clb/Green shield bug); Marcouliana (cl). 21 123RF.com: peterwaters (tc/Bee); PAN XUNBIN (tc/scarab may beetle). Dreamstime.com: Isselee (tc). 22 Dreamstime.com: Neirfy (c). 23 Dorling Kindersley: Jerry Young (tl). Dreamstime.com: Iakov Filimonov (tc); Isselee (tl/Chimpanzee, clb); Sarayut Thaneerat (tr). 26 123RF.com: atosan (b). Dreamstime.com: Menno67 (cra, tr); Daria Rybakova / Podarenka (cr). 27 123RF.com: Bonzami Emmanuelle / cynoclub (clb); ferli (ca); lurin (cl). Dorling Kindersley: Jerry Young (bc). Dreamstime.com: Outdoorsman (c). 30 123RF.com: Andrew Mayovskyy / jojjik (crb). Dreamstime.com: Stevieuk (cra). 31 123RF.com: PaylessImages (cla). Dreamstime.com: Fesus Robert (clb). iStockphoto.com: Joel Carillet (ca). 32 123RF.com: David Wingate (bc). iStockphoto.com: VickySP (br). 33 123RF.com: Anton Starikov / coprid (cb). Dreamstime.com: Achim Baqué (bc); Ilya Genkin / Igenkin (tl); Ruslan Gilmanshin (ca). iStockphoto.com: JohnnyLye (bl). 35 123RF.com: Alfredo González Sanz (bl). Dorling Kindersley: Dorset Dinosaur Museum (br); Natural History Museum, London (crb). 36 123RF.com: andreykuzmin (cra/Soil); Mykola

Mazuryk (cra); David Wingate (ca/Water). Alamy Stock Photo: Dennis Hallinan (ca). 38 Dreamstime.com: Christos Georghiou (cl). Getty Images: Photographer's Choice / Tom Walker (br). 40 Dreamstime.com: Nerthuz (ca). 41 NASA: JPL-Caltech, UCLA, MPS,DLR,IDA (crb). 42 Dreamstime.com: Andreykuzmin (br). 43 Alamy Stock Photo: Ted Kinsman (cra). 46 123RF.com: sergofoto (tr). 50 Dreamstime.com: Konstantin Shaklein / 3dsculptor (c); Whilerests (cr). 51 123RF.com: Stanislav Pepeliaev (crb). 52 Dreamstime.com: Dan Van Den Broeke / Dvande (bc). 54 123RF.com: fotana (cla); stillfx (cl). Dreamstime.com: Svetlana Foote (cra). 56 Alamy Stock Photo: Jan Wlodarczyk (bc). Dreamstime.com: Corey A. Ford / Coreyford (br). 61 123RF.com: ivan kmit / smit (crb). Dreamstime.com: Aleksandr Bognat (cl). Getty Images: The Image Bank / Michael Wildsmith (cl/brick). iStockphoto.com: DNY59 (c); RTimages (cla). 62 iStockphoto.com: AFransen (bl). 63 Dreamstime.com: Broker (ca). 65 123RF.com: phive2015 (bc). Dreamstime.com: Bjørn Hovdal / Bear66 (cb); Christophe Testi (cra). 66 123RF.com: Vladimir Kramin (cl). 66-67 Dreamstime.com: Nerthuz (b). iStockphoto.com: RTimages (t). 67 123RF.com: nerthuz (cra). Dorling Kindersley: Stuart's Bikes (cb). 68 123RF.com: alisali (bc); Elnur Amikishiyev / elnur (br). 69 Dreamstime.com: Marekp (bc). 70 Alamy Stock Photo: Greg Balfour Evans (bl). 71 123RF.com: Maria Wachala (cra). Alamy Stock Photo: Anna Stowe (crb). Dreamstime.com: Arenaphotouk (br). 72 Dreamstime.com: Lefteris Papaulakis (cb); Yudesign (tr); T.w. Van Urk (crb). 73 Getty Images: Science & Society Picture Library (bc). 74 iStockphoto.com: 3DSculptor (bc). 74-75 123RF.com: Olga Serdyuk (c). 75 Dreamstime.com: Andylid (bc/Helicopter); Maria Feklistova (bc); Mihocphoto (br)

Cover images: *Front:* **Dorling Kindersley:** Stuart's Bikes cra

All other images © Dorling Kindersley
For further information see: www.dkimages.com